Oskar Vogl

Wahre Liebe rostet nicht

Motor
buch
Verlag

Einbandgestaltung: Dos Luis Santos

Titelbild: Oskar Vogl

Bildnachweis: als Hintergrund verwendeten Rosttafeln: © kentoh/Fotolia.com;
alle anderen Bilder: Oskar Vogl

ISBN: 978-3-613-03468-6

1. Auflage 2012

Sie finden uns im Internet unter www.motorbuch-verlag.de

Lektor: Martin Gollnick
Innengestaltung: Anita Ament, 71229 Leonberg
Druck und Bindung: L.E.G.O. S.p.A., 36100 Vicenza
Printed in Italy

Inhaltsverzeichnis

Erläuterndes

Letztendlich sind es zehn Autofriedhöfe in ganz Europa gewesen, die ich habe aufspüren können. Autofriedhöfe – damit sind seit Jahren verlassene, nicht mehr bewirtschaftete ehemalige Schrottplätze gemeint. Die Natur hat hier schon längst begonnen, Oberhand über die Technik zu gewinnen. Der kleinste Autofriedhof mag etwa 50 Fahrzeuge umfasst haben, auf den größten Arealen traf ich Hunderte von Automobilen an. Zwischen Sommer 2008 und Herbst 2011 besuchte ich acht der letzten Autofriedhöfe Europas. Zu den beiden übrigen wurde mir kein Zugang gewährt.

Zu den in diesem Buch versammelten Fotografien von den Autofriedhöfen gesellen sich einige Bilder von noch bewirtschafteten Schrottplätzen. In so manchen stillen, von Pflanzen überwucherten Ecken fanden sich dort Motive, die denen von den Autofriedhöfen in Ausstrahlung und Patina durchaus ebenbürtig erschienen.
Weitere Ansichten sind von einzelnen Fahrzeugen angefertigt worden. Sie standen am Wegesrand, waren im Wald abgestellt oder auf Hinterhöfen, lagen im Müllcontainer oder im Hühnerhof. Und schließlich ist auch so mancher Scheunenfund darunter, der unter den Händen eines geschickten Restaurators leicht wieder den Weg auf die Straße finden könnte.

Alles hatte mit einer Zeitungsmeldung begonnen, in der über die gerichtlich aus Umweltgründen angeordnete Räumung – oder soll man besser sagen Auflösung – eines über die Jahre hinweg vom Schrottplatz zum Autofriedhof mutierten Geländes berichtet worden war. Urplötzlich erwuchs in mir der Wunsch, die an einem solchen Ort gewiss anzutreffenden morbiden und zugleich märchenhaften Stimmungen festzuhalten, bevor das Gelände geräumt und dieses »Kunstwerk« aus Technik und Natur damit unwiederbringlich ausgelöscht werden würde.

Die noch bestehenden Autofriedhöfe sind Relikte vergangener Tage. Einst verdiente so mancher Kfz-Mechaniker mit der Bewirtschaftung eines Schrottplatzes seinen Lebensunterhalt. Doch die Zeiten haben sich geändert. Eine rückläufige Nachfrage bei der Ersatzteilbeschaffung auf diesem Weg sowie ein verändertes Umweltbewusstsein, das nicht zuletzt in strengeren Umweltauflagen mündete, läuteten das Ende der offenen Schrottplätze ein. Die meisten von ihnen sind längst geräumt. So mancher allerdings – vornehmlich abseits der Zivilisation gelegen – geriet auch einfach in Vergessenheit und mutierte so in der Folge zu einem veritablen Autofriedhof. Heutzutage besteht kaum mehr die Möglichkeit, dass weitere von ihnen einfach so »nachwachsen«. Autos werden nicht mehr nur auf einem Gelände abgestellt, eher werden noch wertvolle Einzelteile ausgebaut und trocken für den Verkauf gelagert, bevor der Rest komplett verschrottet wird. Auf den Autofriedhöfen, die ich im Laufe meiner Exkursionen entdeckte, sind die abgestellten Fahrzeuge sich selbst überlassen und schutzlos den langsam, aber stetig und unaufhaltsam wirkenden Kräften der Natur ausgesetzt. Kaum merklich, aber über die Jahre hinweg unübersehbar hat sich ihr Erhaltungszustand verschlechtert. Rost setzt sich an. Die Lacke werden stumpf und stumpfer. Stück für Stück verwittern die Fahrzeuge und sacken tiefer auf den Erdboden, in den Erdboden hinein und in sich selbst zusammen. Laub und Äste fallen auf die Karossen. Moose bilden sich an Scheibenwischern, Türrahmen und Lüftungsschlitzen. Flechten schreiben grüngelbe Muster und Strukturen auf die verblassenden Lacke. Pflanzen überwuchern die Autos. Büsche und Bäume wachsen neben und unter den Fahrzeugen, sogar durch sie hindurch. Die Natur arbeitet beständig am Ausbau ihrer Vormachtstellung, und sie wird dieses ihr Werk fortsetzen, bis eines Tages nichts mehr von den Autos zu sehen sein wird. Die Tage der letzten Autofriedhöfe sind gezählt.

Erinnerungen werden wach. An die Zeit, als die Autos noch gefahren sind. Wer waren ihre stolzen Besitzer? Auf welchen Straßen sind sie mit ihren Autos gefahren? Was waren ihre Ziele? Wovon haben sie geträumt? Auf was gehofft? Welche Wünsche, welche Absichten haben sie gehabt? Welche schönen Stunden, welche bangen Momente haben sie mit ihrem Gefährt erlebt? Welche Kleidung haben sie getragen? Wer waren ihre Begleiterinnen und Begleiter? Zu welchen Gesprächen ist es auf der Fahrt gekommen? Wie viele Worte haben sie über ihre Autos verloren? Zu was wurden sie durch ihre Fahrten inspiriert?

Der Besuch des ersten Autofriedhofs schien mir ein einmaliges Erlebnis zu sein. Ich war fasziniert von der Stimmung, von den Fahrzeugen, von den Motiven, vom morbiden Charme der Friedhofsatmosphäre. Ein Friedhof! Bestehend aus Autos! Das schien mir unwirklich, ja unglaublich! Friedhöfe sind für uns Menschen reserviert. Autos werden nicht beerdigt. Und dennoch gibt es Autofriedhöfe. Sie entstehen einfach so. Durch Nicht-Benutzung eines Schrottplatzes und das Wirken der Zeit. Und ihre Aura gleicht durchaus der eines Friedhofes für Menschen.
Erst später stellte ich mir die Frage: »War das etwas Einmaliges ? Oder gibt es weitere Autofriedhöfe?« Ich begann zu recherchieren, las Fachzeitschriften, suchte im Internet, nahm jeden Hinweis auf einen möglichen Autofriedhof auf, fragte nach, kombinierte. Und so stieß ich letztendlich auf zehn verbliebene Autofriedhöfe. Kleinere Fundorte, Schrottplätze mit naturbelassenen Ecken und Einzelfahrzeuge fand ich meist zufällig – oft auf dem Weg zu einem der recherchierten Plätze.

Einmal, auf einer Zugfahrt – längst war es mir zur Gewohnheit geworden, den Horizont immer und überall nach möglicherweise abgestellten Fahrzeugen »abzuscannen« – meinte ich, in der Ferne am Feldrand verrottende Autos zu sehen. Eine Fata Morgana? Hatte die ständige Suche nach Schrottautos schon Platz in meinen Träumen gefunden? Ich merkte mir den vermeintlichen Fundort und suchte den Ort einige Wochen später nochmals mit dem Auto auf. Und tatsächlich – ich fand eine Reihe abgestellter Fahrzeuge.
Ein anderes Mal, auf einem weit abgelegenen Autofriedhof, traf ich einen Oldtimerfan. Er fragte mich, ich fragte ihn nach weiteren abgestellten Fahrzeugen. Ich konnte ihm einen Tipp geben, er gab mir dafür auch einen: 700 km weiter, an einem 50 km langen Fjord, da solle ich bei einem Obst- und Gemüsegroßhändler nach dem Besitzer fragen und einen schönen Gruß von ihm bestellen. Und er skizzierte mir das 50 km lange Areal auf die Rückseite seiner Visitenkarte. Mit dieser »Visitenlandkarte« in der Hand änderte ich meine geplante Route, fand den Fjord, fand den Obst- und Gemüsehandel. Es war Sonntag, der Laden geschlossen. Und so klingelte ich bei den wenigen Häusern in der einsamen Gegend, bis ich jemanden gefunden hatte, der mir den Weg zum Besitzer zeigen konnte.
Ein weiteres Mal wähnte ich mich nach einer weiten Fahrt schon ganz in der Nähe eines aufgespürten Autofriedhofs. Dann sollte ich auf einen schmalen Feldweg abbiegen. Kilometer um Kilometer folgte ich der immer schmaler, holpriger und sandiger werdenden Fahrspur. Häuser am Straßenrand wurden selten und seltener. Schließlich folgte ich dem Weg durch unbewohntes Gebiet. Ich fragte mich, wo hier um alles in der Welt noch ein Autofriedhof auftauchen sollte. Doch dann, mitten in der Einsamkeit, standen einige Fahrzeugwracks am Wegesrand. Und kurze Zeit später tauchte vor mir ein Areal mit Hunderten von verrottenden Fahrzeugen auf, halb auf einer Wiese, halb im Wald.
Wieder ein anderes Mal hatte ich den Ort erreicht, an dem sich noch einer der Autofriedhöfe befinden sollte. Nur – er war eben nicht zu sehen. Einige mitten im Ort abgestellte Fahrzeuge verrieten mir dennoch, dass ich fast richtig war. Also fragte ich einen Einheimischen nach dem Weg. Er führte mich quer durch den Ort, und erst als er sicher war, dass ich mich nicht mehr verlaufen konnte, erklärte er den restlichen Weg zu einem versteckten Waldgrundstück.

Auf den Autofriedhöfen tauchen sie wieder auf, die Automarken vergangener Tage, die es längst nicht mehr gibt: Auto Union, Borgward, DKW, Frameo, Goggo, IFA, Panhard, Riley, Wartburg. Einem Gesicht gleich, erkennbar mit Mund und Augen versehen, stehen die abgestellten Autos mit ihren Kühlergrills und Scheinwerfern da und scheinen Dich anzuschauen. Verträumt besinnlich, eine stoische Ruhe verbreitend, zufrieden damit, endlich abgestellt zu sein.
Mit sich selbst im Reinen, scheinen sie auf ihr Leben zurückzublicken, auf die Straßen der Vergangenheit. Sie scheinen von ihren Fahrten erzählen zu wollen – und können es nicht. So mancher Scheinwerfer ist eingeschlagen, mancher verdreht. Sie lassen ihre Augen sprechen. Verklärte Blicke. Schönheit des Verfalls.

Auf einem Autofriedhof folgte mir eine Katze. Offensichtlich auf der Suche nach Streicheleinheiten, setzte sie sich immer genau auf das Fahrzeug, dass ich gerade fotografieren wollte. Zunächst versuchte ich, sie wegzuscheuchen, was mir allerdings misslang. Schließlich integrierte ich sie in die Motive und fotografierte die Fahrzeuge samt Katze.

Wann immer ich einen Autofriedhof ausfindig machen konnte, versuchte ich, den Besitzer im Vorfeld zu ermitteln. Das war jedoch nur in wenigen Fällen möglich. Und es barg das Risiko, bereits beim Erstkontakt eine Absage zu bekommen. Mächtig spannend war es immer dann, wenn ich endlich einen Autofriedhof oder Schrottplatz gefunden hatte, nun plötzlich vor dem Besitzer stand und versuchte, ihn dazu zu bringen, mir das Fotografieren zu erlauben. Manchmal half die immer bereitgehaltene Bildermappe. Manchmal allein das von mir den außergewöhnlichen Fahrzeugsammlungen entgegengebrachte große Interesse oder meine daraus erwachsene freudige Bereitschaft, den zahllosen Geschichten der Eigentümer zu lauschen. Und in zwei Fällen half absolut gar nichts. Einmal mag die Befürchtung, die Umweltbehörden könnten aufmerksam werden, ausschlaggebend gewesen sein. Die andere Fotoerlaubnis scheiterte an gar zu fantasievollen und durch nichts gerechtfertigten Honorarvorstellungen des Besitzers.
Diskretion ist Ehrensache. Allen angetroffenen Eigentümern der Autofriedhöfe habe ich das Versprechen gegeben, die Standorte der Fahrzeuge nicht preiszugeben. Groß war häufig die Befürchtung, Heerscharen Schaulustiger könnten über das eigene Grundstück streifen, gerade so, als gelte es tatsächlich, hier eine Art Friedhofsruhe zu bewahren.
Es gab aber auch zwei Autofriedhöfe, deren Standorte keineswegs geheim gehalten wurden. Sogar die lokale Touristeninformation wies – wenn auch schamhaft unscheinbar im Nebensatz – auf die Standorte hin.

Das Aufsuchen von acht europäischen Autofriedhöfen beanspruchte von Stuttgart aus sechs Reisen mit insgesamt 1800 Bahnkilometern, 3500 Flugkilometern und 15.000 Autokilometern. Die großen Autofriedhöfe und auch die kleineren Fundstellen finden sich verteilt über ganz Europa. Fündig wurde ich in Belgien, Deutschland, England, Finnland, Frankreich, Italien, Norwegen, Polen, Schweden, der Schweiz, Spanien und Tschechien. Und der ein oder andere Platz, von dem ich noch Aufnahmen machen konnte, wurde zwischenzeitlich geräumt.
Die Beschäftigung mit Autofriedhöfen hat ihre tiefen Spuren auch beim Autor hinterlassen. Im vergangenen Jahr ist in unserem Garten ein Miniaturautofriedhof im Maßstab 1:18 angelegt worden – mit Friedhofsmauer, versteht sich. Zur weiteren Beobachtung des vorgezeichneten Zerfalls der Modelle und ihrer fortschreitenden Verdrängung durch die sie überwachsende Natur. So mancher Tipp wurde mir gegeben, beispielsweise dazu, wie sich die Bildung von Moos und Flechten durch Quark- und Joghurtbeigaben als Nährboden beschleunigen lässt. Doch ob langsam oder – mit Nachhilfe – etwas zügiger: Die Schönheit des Zerfalls braucht keine Uhr.

Anschauliches

Übersichtliches

Eingebettetes

FORD

Einzelnes

OPEL

Hochgestapeltes

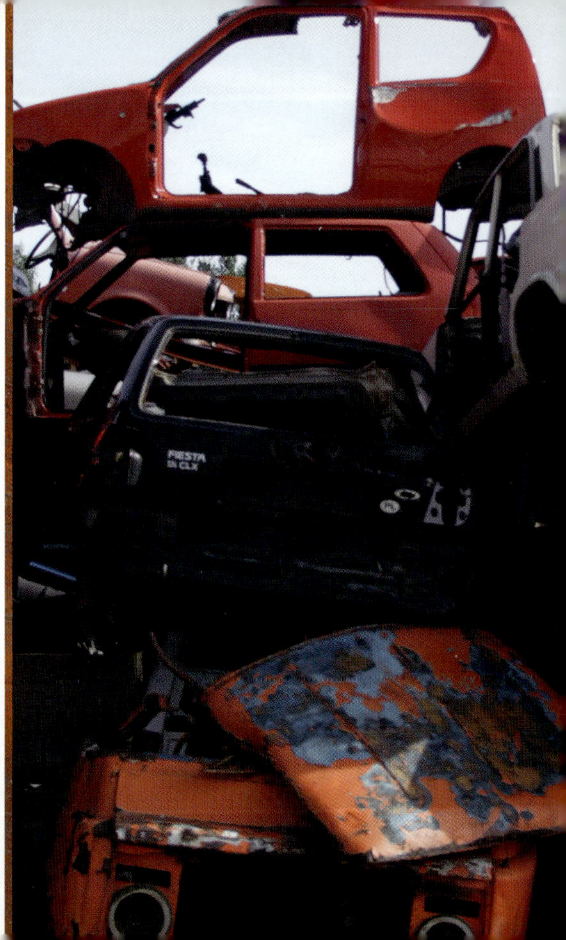

R373 EDX
P727 XPR
R265 LFX
N824 WNF

45

PL
HYUNDAI
ASTRA
OPEL
PL
SIERRA 2.3D
RENAULT 19

Aufgereihtes

YNL·76

Gepaartes

8952 MG 10
51 JB 10

YIC-14

Henry Emby
BUILDING SERVICES

Tragendes

R801 CHB
TRD
nomad
GReddy
momo
Infinity
Red Bull

GT
TC

Ausschauendes

YAS-55

VAUXHALL
VCS-36

Umwuchertes

Durchwachsenes

Zerfallendes

Augenblickliches

Frontales

Panhard

Peugeot

Gedducktes

Antreibendes

Rückseitiges

YÖ-674
SF

S T U D E B A K E R

Einladendes

ESCOR

Bedachtes

Richtungs-weisendes

Außergewöhnliches

POLONEZ

L367 RYA
K234 UJT
N265 EYA
R626 GHT

Caritas Diocesana
meno
SPRECHI
più
SOLIDARIETÀ
I CAPI IN BUONO STATO
SOLO SACCHI CHIUSI
Caritas Diocesana
RACCOLTA
INDUMENTI
USATI
SI RACCOGLIE:

Häusliches

FIESTA
CLX

Wieder-
zubelebendes

YS-729

SIMCA
VCH-48
VU-365

FIAT
VAUXHALL
RENAULT
Ford
Ford
Ford
OPEL
VKL-446

SIMCA
VHO·906

392 VB 21